100 things you should know about

你一定要知道的

100个

两栖和爬行动物
奥秘

REPTILES & AMPHIBIANS

中央编译出版社

目 录
Contents

冷血动物 Cold-blooded creatures

1 爬行动物和两栖动物都属于冷血动物。 这两类动物不像我们一样能控制自己的体温。爬行动物的皮肤干燥而且生有鳞片，大多数爬行动物的大部分时间都是在陆地上度过。而两栖动物大多生活在水里或水域附近，长有光滑且湿润的皮肤。

尼罗鳄

黄金箭毒蛙

普通的蛙类

黄斑蝾螈

东方绿曼巴蛇

科莫多巨蜥

印度眼镜蛇

沙漠陆龟

杰克森变色龙

松果蜥

伞蜥

鳞片和黏液 Scales and slime

2 爬行动物和两栖动物能继续细分为更小的类别。爬行动物可以分为鳄目、龟鳖目、喙头目和有鳞目（蛇蜥目）四类。两栖动物则分成蛙形目、蝾螈目和蚓螈目。

3 大多数爬行动物都有干燥、防水、带鳞片的皮肤。这样的皮肤能防止它们的身体失去水分而变干。鳞片中富含角蛋白，可以形成厚实坚硬的"盔甲"。角蛋白也是构成人类指甲的主要成分。

▲ 鳄鱼是世界上最大的爬行动物。它们在接近猎物时身体大部分都没于水下，这是因为它们的眼睛和鼻孔都长在头顶上。

鳞片和黏液 Scales and slime

4 爬行动物要花大量的时间晒日光浴。它们这样做是要从太阳那获取热量让身体变暖，以便能够到处走动。当天气变冷时——比如夜晚或者在寒冷的季节，它们便会睡觉或者冬眠。冬眠是指它们进入一种深度睡眠状态。

▲ 这只非洲鬣蜥靠沐浴阳光保持身体温暖。

5 一般来说，两栖动物的皮肤湿润而且十分光滑、柔软。氧气能轻松地穿过两栖动物的皮肤，这一点非常重要，因为大部分成年两栖动物除了用肺呼吸之外，还通过皮肤进行呼吸。而爬行动物只用肺呼吸。

考考你

1．爬行动物是温血动物还是冷血动物？
2．两栖动物是温血动物还是冷血动物？
3．你觉得这些动物用什么方法让自己变暖？
4．爬行动物通过什么器官呼吸？
5．两栖动物通过什么器官呼吸？

答案：
1．冷血动物　2．冷血动物
3．晒太阳　4．肺
5．皮肤和肺

6 两栖动物皮肤下的腺体可以使皮肤保持湿润。这些腺体分泌一种被称做黏液的黏性物质。除此之外，许多两栖动物只在近水的地方活动，以保持皮肤湿润。

▶ 氧气通过皮肤进入血液，与此同时，二氧化碳被排出体外。

肺

肺

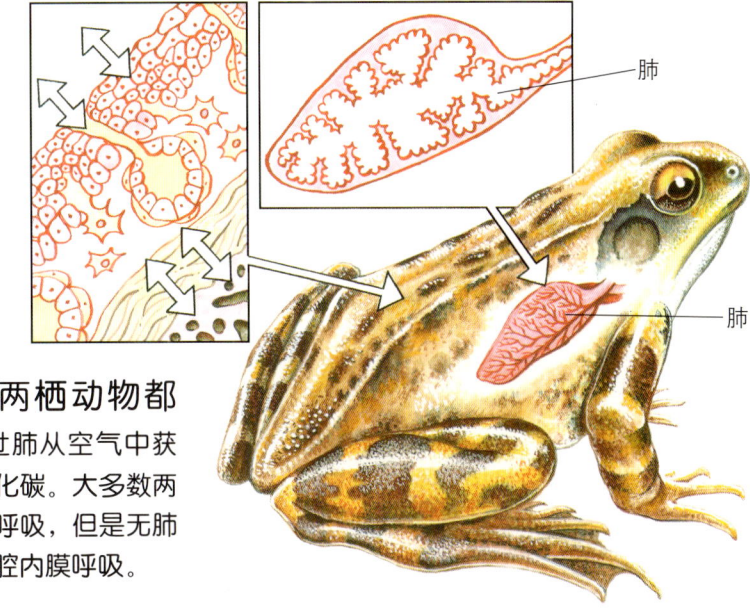

7 并不是所有两栖动物都长有肺。人类通过肺从空气中获得氧气以及排出二氧化碳。大多数两栖动物通过肺和皮肤呼吸，但是无肺螈只能通过皮肤和口腔内膜呼吸。

REPTILES & AMPHIBIANS

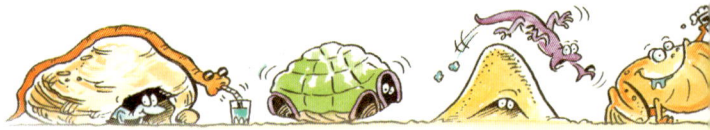

阳光的追随者 Sun worshippers

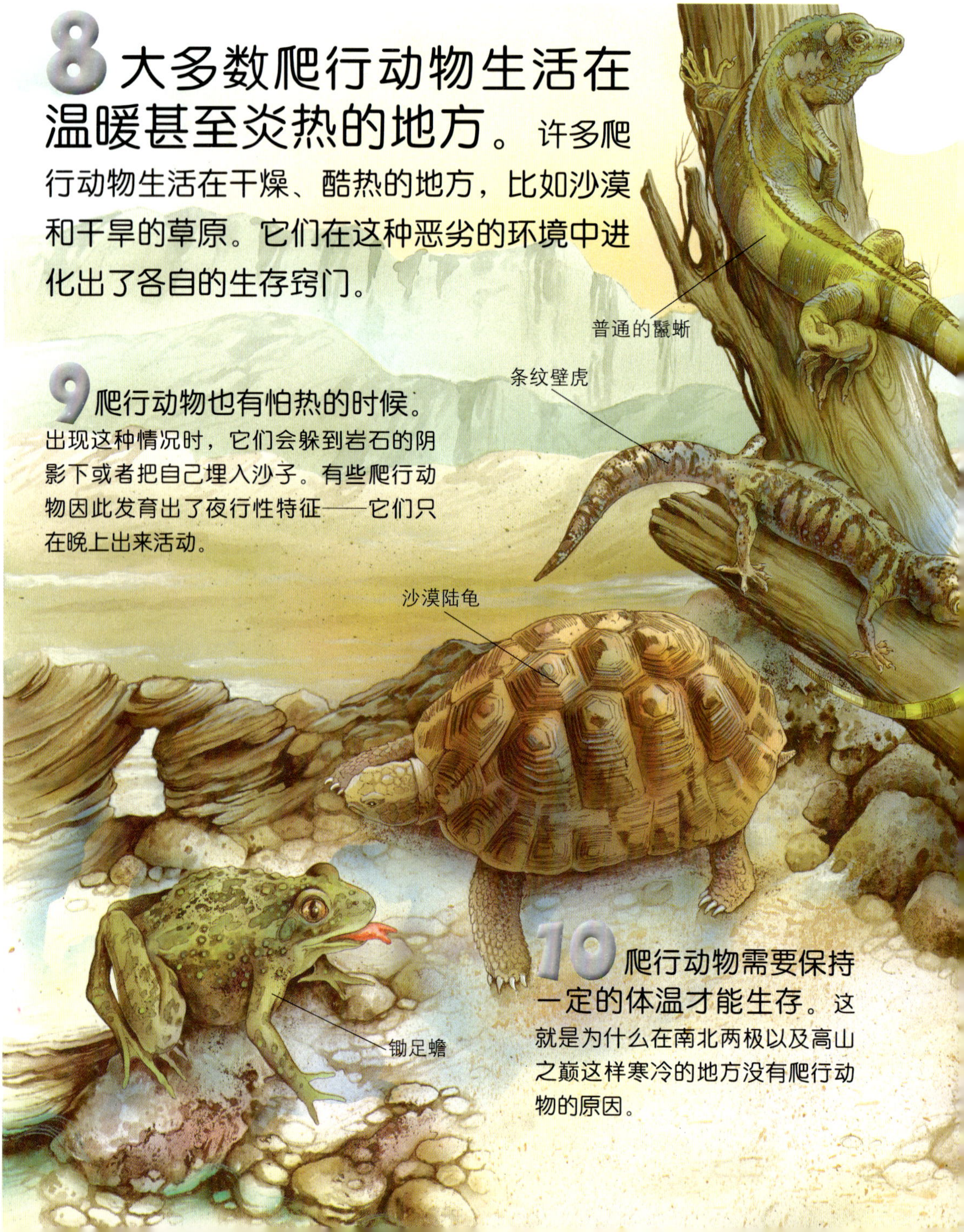

普通的鬣蜥
条纹壁虎
沙漠陆龟
锄足蟾

8 大多数爬行动物生活在温暖甚至炎热的地方。许多爬行动物生活在干燥、酷热的地方，比如沙漠和干旱的草原。它们在这种恶劣的环境中进化出了各自的生存窍门。

9 爬行动物也有怕热的时候。出现这种情况时，它们会躲到岩石的阴影下或者把自己埋入沙子。有些爬行动物因此发育出了夜行性特征——它们只在晚上出来活动。

10 爬行动物需要保持一定的体温才能生存。这就是为什么在南北两极以及高山之巅这样寒冷的地方没有爬行动物的原因。

11 爬行动物对食物和水的需求很小。它们不同于温血动物，不依靠食物维持体温。这种特性赋予了它们在沙漠这种食物稀少的地方生存的本领。它们厚厚的鳞片使水分几乎无法从体内散失掉。

难以置信！

当天气非常炎热的时候，非洲纳米布沙漠的沙蜥蜴便跳起一种奇特的舞蹈。它不停地把自己的腿从炙热的沙子上抬起、放下，或者肚皮贴在沙子上，同时翘起四肢。

条纹壁虎

12 和爬行动物一样，许多两栖动物也生活在酷热的地方。但是这些地方有时对它们来说还是过于干燥或者炎热。生活在欧洲、亚洲和北美洲的锄足蟾常把自己埋在沙子里，以躲避干燥和高温。

豹蜥

北美鼓腹毒蛇

斑尾蜥蜴

冰凉一族 Cooler customers

13 春天来临时，两栖动物就又开始出来活动。当天气回暖的时候，它们会回到自己出生的池塘或是小溪中，这也许是一次要经过数座村镇和拥挤街道的长途旅行。

难以置信！

"当心，青蛙正路过此地！"有些国家的马路上竟竖着这样的路标，提醒司机前方有特殊的"危险"——蛙或蟾蜍沿着这条路返回出生地。

冰凉一族 Cooler customers

14 许多两栖动物生活在凉爽、潮湿的地方。它们喜欢潮湿的地方，大多数在水中交配和产卵。

15 当天气变得特别寒冷的时候，两栖动物大多数情况下会躲藏起来。它们只是躲在池塘底部的淤泥中或者是石头、木头下面冬眠，一直从秋天睡到第二年的春天。

▲ 这种水生蝾螈被人们称作泥狗，生活在北美洲的淡水湖、江河与溪流中。

16 回到繁殖地的路途长达5千米，这对身长仅几厘米的动物来说实在是一次漫长的旅行。这就和一个没有地图的人徒步走到90千米之外的池塘去一样！动物依靠气味、陆标、地球磁场以及太阳的位置辨别方向。

水中的宝宝 Water babies

17 两栖动物既可以生活在水中，也可以生活在陆地上。大多数两栖动物在淡水中出生、长大，比如池塘、溪流或者江河中。成年后则转移到干燥的陆地上生活，然后再回到水里繁殖后代。

飘浮在淡水水面的青蛙卵

由青蛙卵孵化成的蝌蚪

长出腿的蝌蚪发育为幼蛙

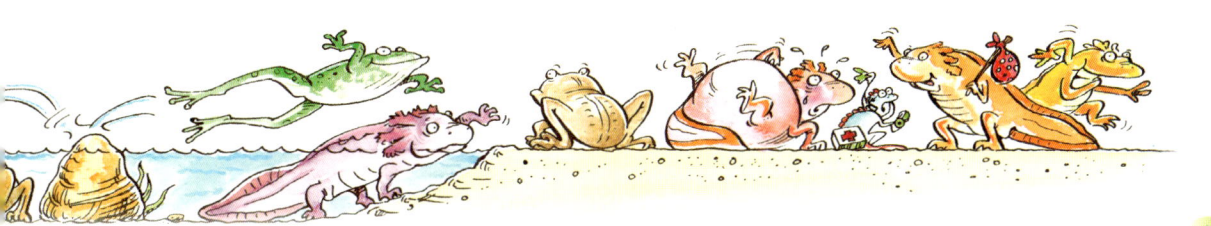

18 大多数两栖动物的外部形态在成长发育的过程中会发生彻底的改变。我们把这种变化称为变态。

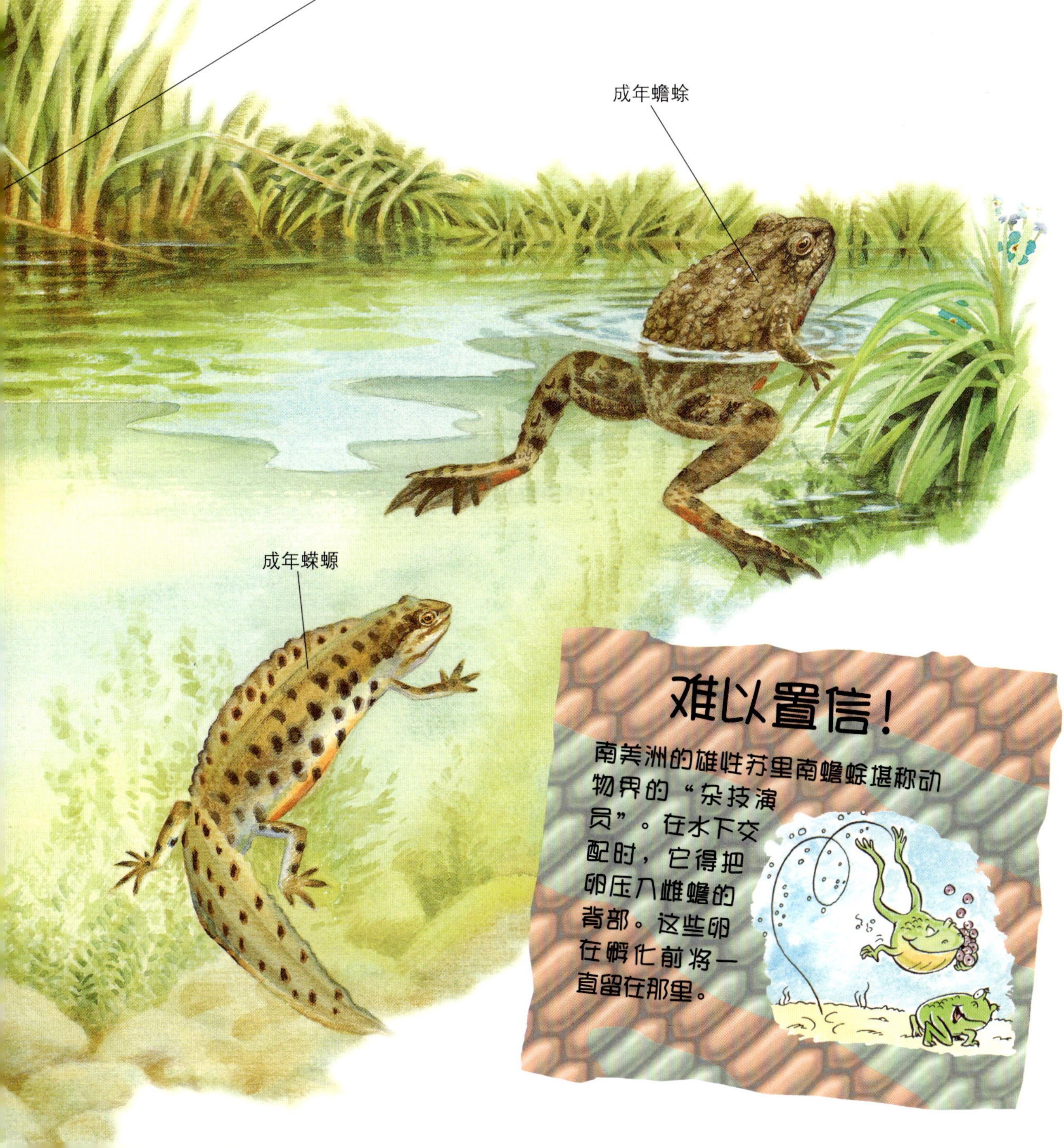

尾部逐渐消失的
幼蛙发育为成蛙
成年蟾蜍
成年蝾螈

难以置信！

南美洲的雄性苏里南蟾蜍堪称动物界的“杂技演员”。在水下交配时，它得把卵压入雌蟾的背部。这些卵在孵化前将一直留在那里。

水中的宝宝 Water babies

火蝾螈幼体长有羽毛状的鳃

19 两栖动物在幼年时期称为幼体。举例来说，蝌蚪就是青蛙或者蟾蜍的幼体。两栖动物的幼体长有大片的羽毛状鳃，帮助它们在水中呼吸氧气存活下来。

20 一种叫做美西螈的两栖动物永远也长不大。这种水生蝾螈永远不会度过幼体阶段，不过它们能发育得足以进行繁殖。

▼ 美西螈只生活在北美洲南部的墨西哥。

21 大多数两栖动物的卵非常柔软。这些卵串成果冻状的一条细线，或是一堆极小的卵聚在一起成为一团，正如蛙形目动物的卵那样。而蝾螈的卵是一个一个单独分开的。

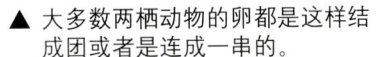

▲ 大多数两栖动物的卵都是这样结成团或者是连成一串的。

22 只有少数两栖动物是胎生，而不是卵生。火蝾螈就是这样的两栖动物。它们的卵在母体内孵化并发育。而出生的小蝾螈几乎完全具备了成年火蝾螈的体貌特征，只是个头比较小。

REPTILES & AMPHIBIANS

"旱鸭子"

Land-lubbers

23 大多数爬行动物都生活在远离水的地方。它们很好地适应了干燥的陆地生活。也有一些爬行动物会待在水里，但大多数都把卵产在陆地上。

▼ 这只雌性西非侏儒鳄正把卵产在一个靠近水边的巢穴。

24
大多数爬行动物的卵比两栖动物的卵坚硬得多。这是因为它们的卵必须要在无水的环境下生存。蜥蜴和蛇的卵都有一层皮革似的外壳，鳄鱼和陆龟的卵有坚硬的壳，和鸟蛋差不多。

▶ 短吻鳄把卵产在植物丛或者土堆里，每次产下的卵数量在35～40之间。

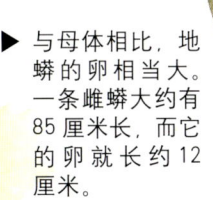

▶ 与母体相比，地蟒的卵相当大。一条雌蟒大约有85厘米长，而它的卵就长约12厘米。

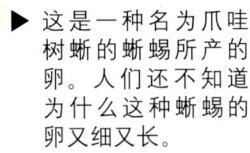

▶ 这是一种名为爪哇树蜥的蜥蜴所产的卵。人们还不知道为什么这种蜥蜴的卵又细又长。

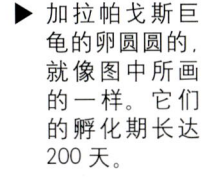

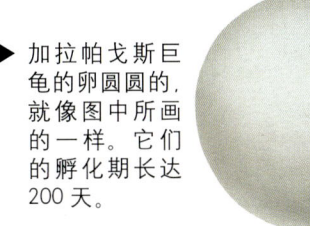

▶ 加拉帕戈斯巨龟的卵圆圆的，就像图中所画的一样。它们的孵化期长达200天。

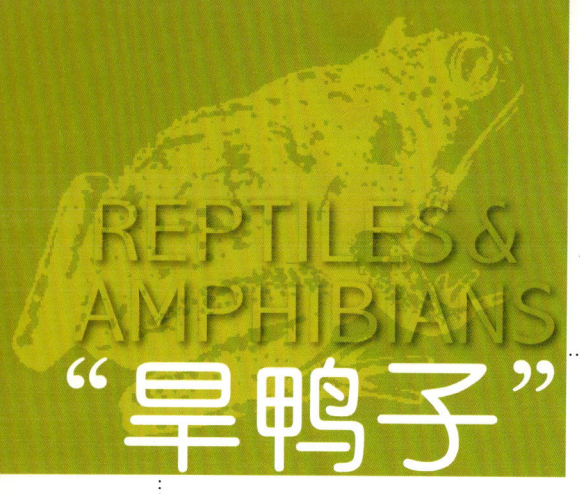

"旱鸭子" Land-lubbers

25 卵为发育中的幼体提供营养和保护。卵黄为发育中的胚胎提供营养物质。卵壳保护胚胎不受外界侵害，而且维持生命所需的氧气能从卵壳自由进入。

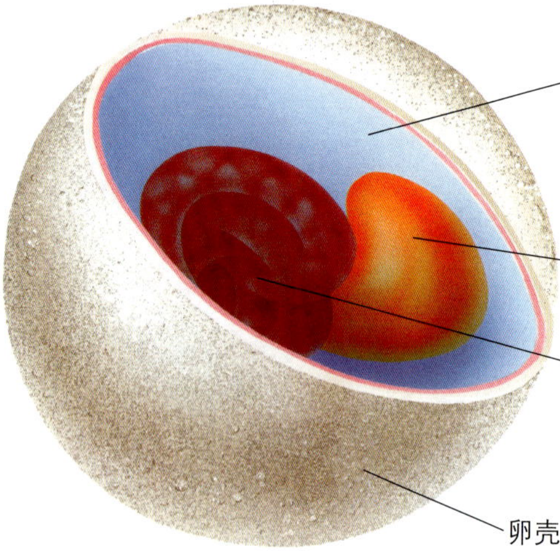

保护性液体

卵黄

胚胎

卵壳

蛇在灌木丛中产卵

26 刚孵化出来的爬行动物与成年爬行动物的外貌十分相似，只是个头小一些。它们与两栖动物不同，不会经历变态发育。

27 某些有鳞目爬行动物不产卵，比如蛇蜥。它们产下的是已经发育完全的幼体，我们把这样的动物称为胎生动物。

▲ 蛇蜥其实不是蛇，而是一种生活在欧洲、非洲和亚洲的无腿蜥蜴。这种胎生蜥蜴可以直接产下小蜥蜴。

卵的大调查

爬行动物的卵与鸟类的蛋类似，所以下次你吃煎蛋或者煮蛋的时候，不妨用蛋壳来做实验。冲洗半个蛋壳并装上水，稍等片刻，看看有水渗出来吗？和鸟的蛋壳一样，爬行动物的卵壳也可以使卵保持湿润，同时又不阻碍空气渗入，并且它的坚硬度足以保护里面的胚胎。

大与小 Little and large

28 爬行动物和两栖动物的大小和体态多种多样。从小型的蛙类到很像恐龙的巨大蜥蜴，世界上共有大约6500种爬行动物和4000种两栖动物。

29 最大的爬行动物是生活在印度洋和西太平洋海域的咸水鳄。它从鼻子到尾部的长度令人吃惊，足有8米长，一个普通成年人的身高甚至还不到2米！在日本冰冷的溪流中生活着世界上最大的两栖动物——大鲵，它长1.5米左右，重达40千克。

▼ 咸水鳄又名湾鳄，分布在印度南部、印度尼西亚以及澳大利亚的北部。它是鳄鱼中体形最大的，也是最危险的种类之一。大鲵以蜗牛和蠕虫为食，大多数是无害的。

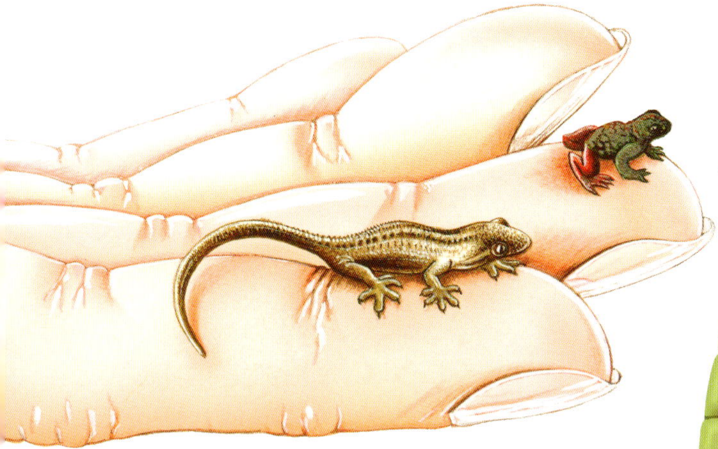

考考你

1. 世界上最小的爬行动物分布在哪里？

2. 哪种动物是世界上最大的两栖动物？

3. 世界上最大的鳄鱼分布在哪里？

4. 爬行动物和两栖动物，哪种包含的动物种类更多？

答案：
1. 加勒比海的维尔京群岛
2. 大鲵
3. 澳大利亚和印度
4. 爬行动物

30 加勒比海的维尔京群岛上生活着一种壁虎，它是世界上最小的爬行动物。这种壁虎不足20毫米长。巴西的短头蟾也是世界上最小的两栖动物之一，它的身体只有9.8毫米长，小到几乎可以放到我们大拇指的指甲盖上。

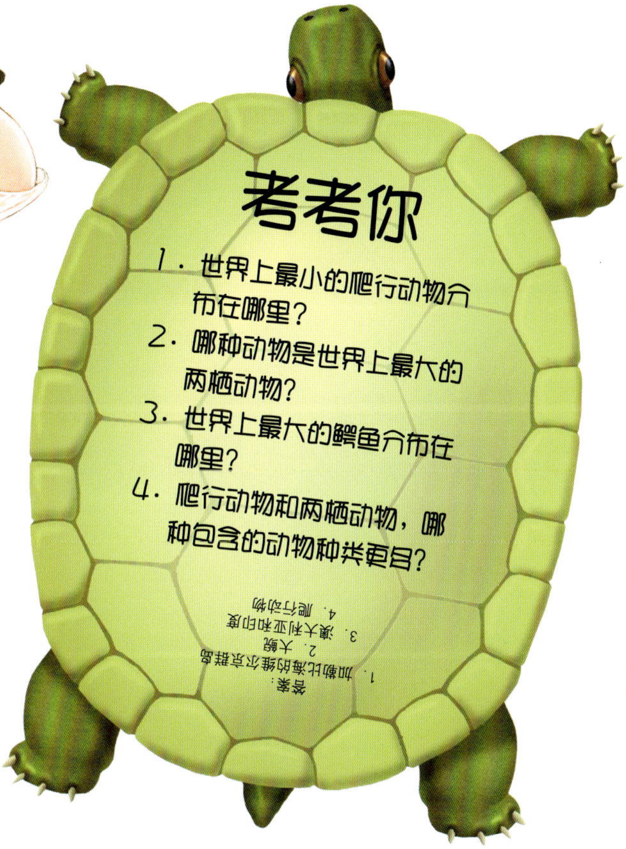

▼ 在太平洋加拉帕戈斯群岛至南美洲西部地区生活着一种巨龟。当它们长到1.2米的时候，体重就已经达到215千克！

适者生存 Adaptable animals

31 为了在所处环境中安全而轻松地生活，许多物种都进化出了惊人的适应性特征。以鳄鱼为例，它们的喉部有一种特殊的软骨活动瓣，这样它们就能在水下张嘴呼吸，而不用担心吸入水。

宽大的趾垫上覆盖着许多细毛。

32 壁虎可以在竖直的表面上攀爬，即使是倒挂这样的动作它们也能轻松做到。它们之所以能附着在物体表面是因为它们有特殊的脚趾。壁虎的每只脚上都长有五个张得很开的脚趾，每个脚趾上还长着有黏性的趾垫。趾垫上覆盖着数百万个微小的绒毛，可以紧紧地抓牢物体表面。

▶ 这是一只生活在南亚和东南亚的大壁虎。它是最常见的壁虎之一，也是最大的一类，身长可达28厘米。这种壁虎喜欢在民居周围活动，所以人们对它并不陌生。亚洲和印度尼西亚的人们相信壁虎在房屋附近或者自家屋里居住是好运的象征。

REPTILES & AMPHIBIANS
适者生存 Adaptable animals

▲ 加利福尼亚蝾螈

33 扁平的尾巴将水生蝾螈造就成了游泳高手。水生蝾螈是那些大部分时间生活在水里的蝾螈，因而必须具备在水中快速游动的能力。

34 龟鳖目动物拥有保护性的坚硬骨质外壳。硬壳好似一身盔甲，保护它们免受猎食者（捕食它们的动物）的袭击，还能阻挡炙热的阳光。

35 两栖动物通过鳃在水下呼吸。血液在两栖动物羽毛状的鳃内流动。当水流过鳃部时，氧气从水中分离出来，直接进入两栖动物的血液。

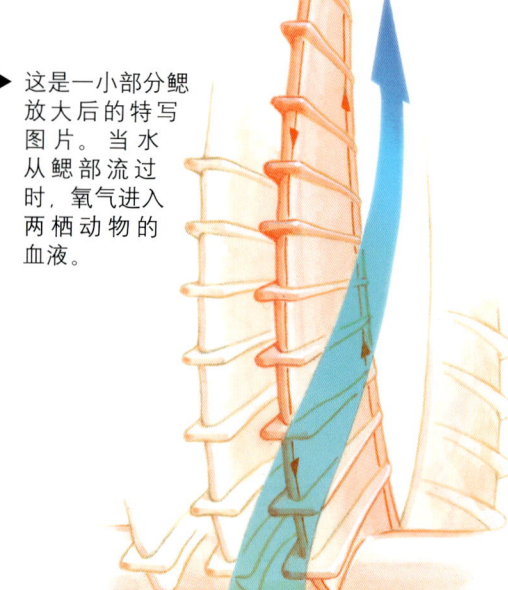

▶ 这是一小部分鳃放大后的特写图片。当水从鳃部流过时，氧气进入两栖动物的血液。

水从鳃部流过

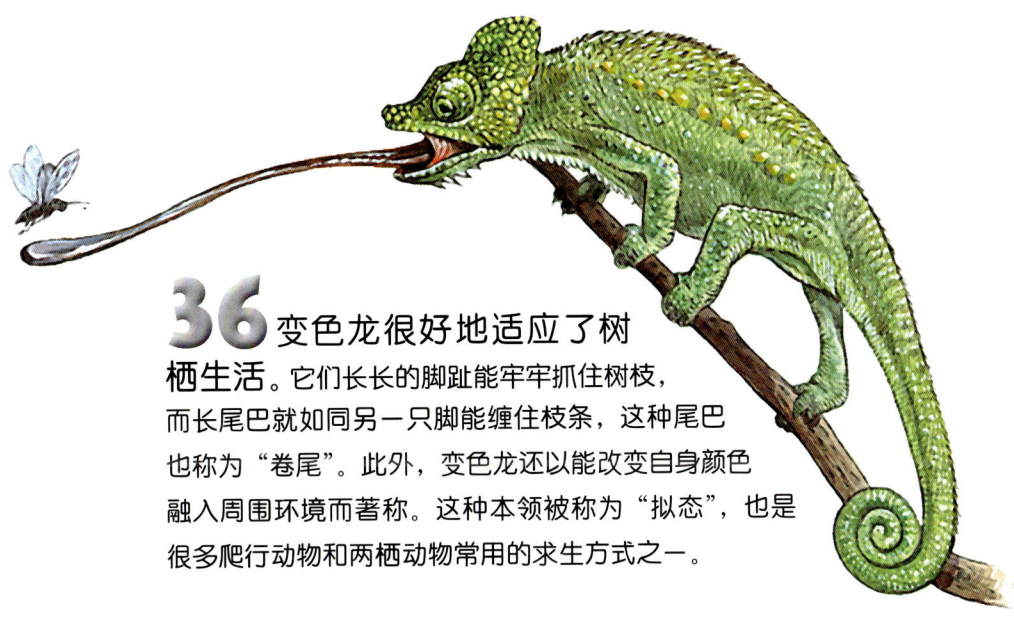

36 变色龙很好地适应了树栖生活。它们长长的脚趾能牢牢抓住树枝，而长尾巴就如同另一只脚能缠住枝条，这种尾巴也称为"卷尾"。此外，变色龙还以能改变自身颜色融入周围环境而著称。这种本领被称为"拟态"，也是很多爬行动物和两栖动物常用的求生方式之一。

查阅爬行动物

挑选一种你最感兴趣的爬行动物或者两栖动物，然后尽可能多地查阅它的相关资料。看看你能列出多少关于它们为了适应周围环境而进化出的特殊本领？

炫耀的本领 Natural show-offs

37 许多爬行动物和两栖动物都喜欢展示自己。有些"炫耀"行为是为了在繁殖季节来临时吸引雌性，而有些则是为了威慑其他动物不要贸然进攻。

▶ 眼镜蛇鼓起肋骨上松弛的皮肤使自己看上去更加可怕。

▲ 这只冠欧螈正在展示自己的体色。

38 雄性蝾螈使出浑身解数要在交配季节引人注目。冠欧螈显示出自己背上的装饰——皮肤上的黑色斑点和纵贯胸部的红斑。它们色彩斑斓的"春装"同时也警告敌人不要靠近。

难以置信！

一些雄性飞蜥用强壮的体格吸引异性。它们常在岩石上做俯卧撑，同时将头上下摆动。

39 生活在中、南美洲的雄性安乐蜥小心地守护着自己的领地和配偶。当对手过于靠近时，它便冲着对手鼓起喉部一个鲜红色的喉囊。两只雄性蜥蜴甚至可能鼓着喉囊互相敌视数个小时！

炫耀的本领 Natural show-offs

40 雄性巨蜥进行摔跤比赛。

交配季节开始时，它们通过决斗赢得雌性蜥蜴。比赛中，雄性巨蜥用后腿站立起来，抱在一起摔跤，直到一方投降为止。

▶ 普通的蟾蜍

喉囊

41 许多蛙形目动物
也能让自己鼓起来。为了
让自己看上去更具危险性，蟾蜍可以使自
己的身体膨胀。蛙形目动物都能鼓起喉囊，这样
做能够使唱给配偶的求爱歌和送给敌人的警告听
起来更加响亮。

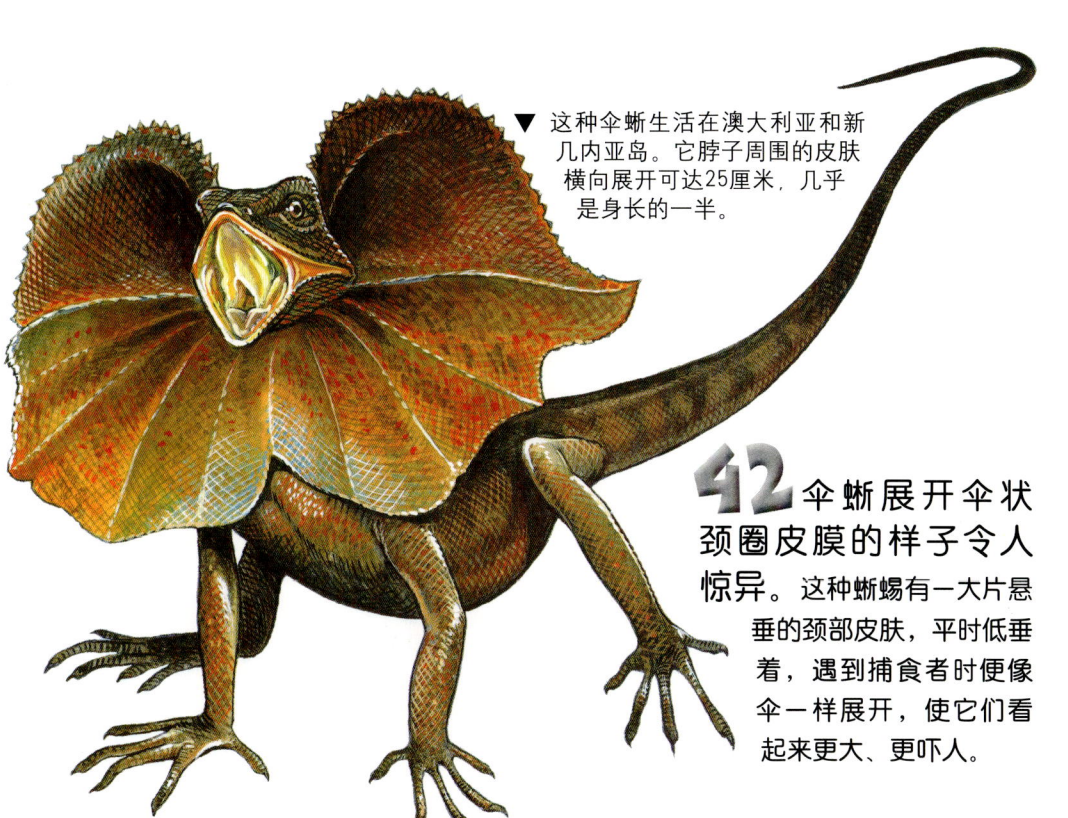

▼ 这种伞蜥生活在澳大利亚和新
几内亚岛。它脖子周围的皮肤
横向展开可达25厘米，几乎
是身长的一半。

42 伞蜥展开伞状
颈圈皮膜的样子令人
惊异。这种蜥蜴有一大片悬
垂的颈部皮肤，平时低垂
着，遇到捕食者时便像
伞一样展开，使它们看
起来更大、更吓人。

感觉灵敏的动物 Sensitive creatures

43 爬行动物和两栖动物运用视觉、嗅觉和触觉等感知世界。有些动物已经失去了那些它们不需要的感官。以蚓螈为例，它们是一种类似蠕虫的两栖动物，一生都生活在地下，所以根本不需要眼睛。不过，有些动物却进化出了与众不同的新感官！

▶ 即使是在完全黑暗的环境里，颊窝毒蛇也能探测到来自猎物的热量。响尾蛇就是一种颊窝毒蛇。

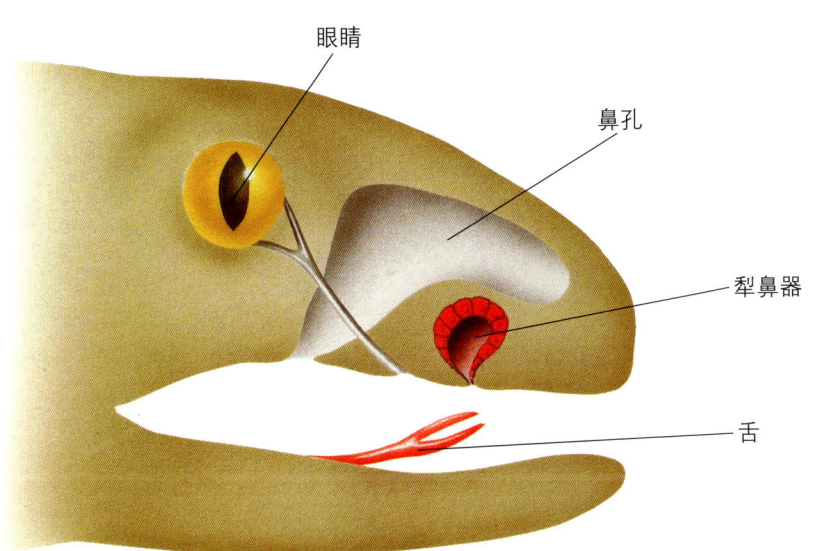

眼睛

鼻孔

犁鼻器

舌

44 蛙形目动物进化出了新的感官。它们的口腔顶端有一种名为"犁鼻器"的特殊器官，能帮助它们"尝"或者"嗅"出外面的世界。蛇和某些蜥蜴也有这种器官。

45 蛇用其他方法弥补听觉和嗅觉方面的不足。它们通过捕捉猎物在地下穿梭时发出的振动感知猎物。有些蛇还用脸部的颊窝探测猎物散发的热量。相比之下，蛙形目动物的鼓膜很大，而且发育得很好，使它们拥有出色的听力。

美国牛蛙的耳朵

感觉灵敏的动物 Sensitive creatures

▲ 斐济鬣蜥分布在
太平洋的斐济和
汤加。

46 壁虎和鬣蜥长着大大的眼睛，
视力特别好。它们是一种不能眨眼的蜥蜴。这
种蜥蜴的眼睛上没有我们人类这样的可以眨动的
眼睑，而是覆盖着固定不动的透明薄膜。大部分
蜥蜴都拥有出色的视力，它们需要用这种能力捕
捉小而行动迅速的昆虫。

难以置信！

有一种非洲壁虎耳孔上的皮肤非常薄。如果你的视线恰好与它的双耳排成一条直线，那么你会看见光从另一侧耳孔射进来。

大眼睛为壁虎提供了出色的视力。

壁虎舔舐眼睛使其保持清洁。

▼ 这是一只生活在非洲西南部纳米布沙漠的蹼足壁虎，那里几乎从不下雨。为了获取生存所需的水，它会舔岩石上的露水，有时也舔自己的眼睛。

职业杀手 Expert hunters

47 所有两栖动物和大多数爬行动物都是食肉动物。它们跟踪、诱捕、追逐猎物的方式多种多样。

▶ 鳄目动物擅长隐藏在水中，只露出眼睛和鼻孔。它们埋伏在浅水里，等动物喝水时就一跃而起，把猎物拖入水中。

职业杀手 Expert hunters

化身为变色龙！

和变色龙一样，我们也需要用两只眼睛来更好地判断距离的远近。不信就试试下面这个小实验：闭上一只眼睛，然后伸出一个手指。在只睁开一只眼睛的情况下，用另一只手的手指去触摸这个手指的指尖，肯定不像看起来那样简单。现在睁开双眼重复上面的动作，你会发现要容易得多。两只眼睛让大脑从两个不同的视角观察物体，所以你能够更准确地判断出与它的距离。

48 蝾螈先慢慢爬向猎物，然后再发动袭击。它们渐渐接近猎物，然后出其不意地用舌头卷住或者用牙齿牢牢咬住猎物。

用来捕捉昆虫的有黏性的长舌头。

49 变色龙是效率很高的捕猎器。它的两只眼睛可以单独旋转，因而可以同时看到两个不同的方向。当一只美味的苍蝇嗡嗡飞过时，变色龙就以极快的速度伸出惊人的长舌头，把它卷入口中。

蛇的左、右两块下颌骨可单独工作，一边的下颌骨先向里拉，然后另一边继续拉，直到把猎物全部吞入喉中。

颅骨

50 鳄鱼和蛇可以把它们可怕的颌张得非常大以吞下硕大的猎物。蛇能分开自己的颌骨以吞下巨大的蛋或比自己的头大得多的动物。一条大型的蛇能将一头猪或者一只鹿整个吞下！

51 蛇只能将猎物完整的吞下。这是因为蛇没有大个的用来压碎猎物的磨牙，而且它们不会咀嚼。

▲ 为了吞下大个的猎物，蛇的下颌骨还能与颅骨分离。

变色龙的眼睛可以独立活动来定位猎物。

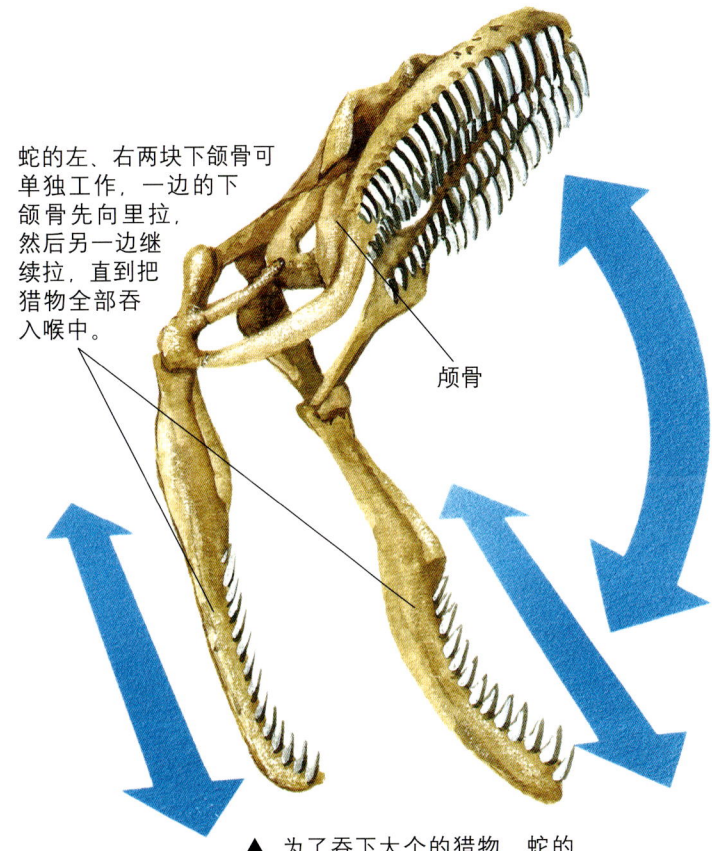

▶ 一旦变色龙用一只眼睛发现了猎物，就会先转动另一只眼睛注视猎物。两只眼睛更容易判断距离。

飞行者和跳跃者 Fliers and leapers

52 有些爬行动物和两栖动物可以跃向空中，即使只有几秒钟。

这可以帮助它们移动到更远的地方，也有助于躲避食肉动物的袭击，或者帮它们在猎物逃跑之前及时跃起成功捕食。

▶ 飞蛇能在树枝之间滑翔，捕捉蜥蜴和蛙类。

▶ 飞蜥可以在壁虎之前抢到猎物。它们的"翅膀"是肋骨上的皮肤展开后形成的，不用的时候就折叠在身体两侧。

54 某些种类的蛇可以滑翔。飞蛇生活在南亚的热带雨林里。它们能够在树枝间穿梭，也可以在空中做S形滑翔。

▶ 会飞的壁虎的各种技艺对捕食来说至关重要。在捕食的同时，它们也要尽量避免成为其他动物口中的食物。

53 会滑翔的蛇通过把自己的身体弄成降落伞的样子来飞行。要保持这样的形态需要撑起肋骨篮，以便身体变平，就好似一条缎带。

55 会飞的壁虎成为另一群天然降落伞。这些壁虎长有蹼足，四肢、尾巴和身体两侧的皮肤可以展开，这些"装备"把它们打造成了完美的"滑翔机"。

56 某些蛙类也会滑翔。

在东南亚和南美洲水气蒙蒙的雨林深处，树蛙在树间飞来飞去。有些能滑翔12米远，然后用脚上的吸盘黏住着陆点。

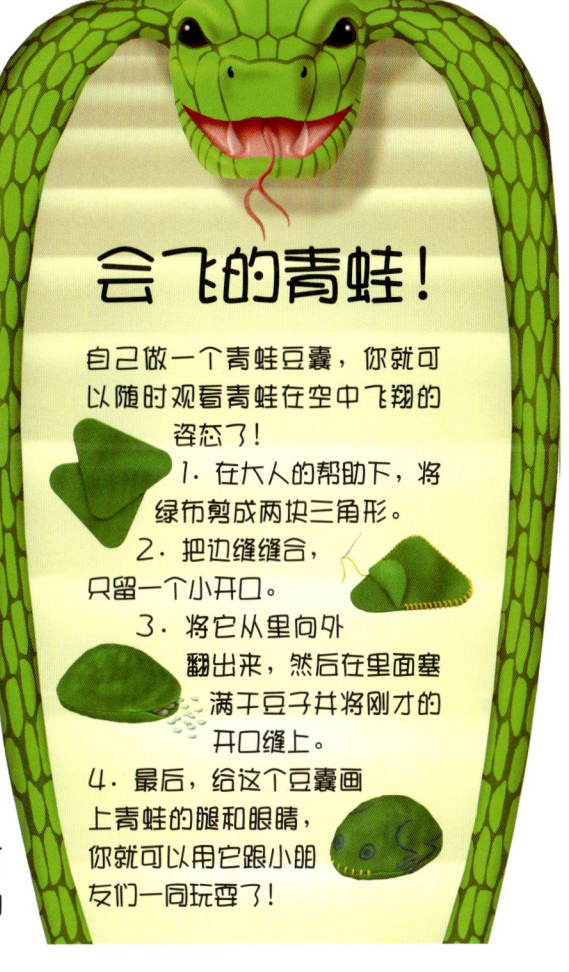

会飞的青蛙！

自己做一个青蛙豆囊，你就可以随时观看青蛙在空中飞翔的姿态了！

1. 在大人的帮助下，将绿布剪成两块三角形。

2. 把边缝缝合，只留一个小开口。

3. 将它从里向外翻出来，然后在里面塞满干豆子并将刚才的开口缝上。

4. 最后，给这个豆囊画上青蛙的腿和眼睛，你就可以用它跟小朋友们一同玩耍了！

57 蛙形目动物用它们强壮的后腿跳跃。

最厉害的跳远选手是来自非洲的尖鼻蛙，它以4.2米的纪录远近闻名。

后腿强壮的肌肉帮助蛙跳起。

腾空而起时，蛙的后腿完全伸直，前腿向后收拢并且闭上眼睛以防受伤。

着陆时，身体拱起，前腿能起到刹车的作用。

REPTILES & AMPHIBIANS

滑行者和爬行者 Slitherers and crawlers

58 大部分爬行动物和某些两栖动物多数时间都在地上爬行、蠕动或是滑行前进。事实上，科学家们把研究爬行动物和两栖动物的科学叫做"爬虫学"，它的英文名称来源于意为"爬行或蠕动"的希腊单词。

▲ 这条正侧向盘绕前进的毒蛇生活在美国的沙漠里。它通过侧向推挤沙子使自己移动，并在沙子上留下一条条J形的痕迹。

59 蛇的皮肤不随着身体一起生长。也就是说，蛇在生长的过程中要不断蜕皮。这只欧洲草蛇正在摇摆着向前滑行挣脱出它的旧皮。

60 有些蛙形目动物也蜕皮。欧洲蟾蜍在夏季要经历若干次蜕皮，并且把蜕下的皮吃掉。这种方式能够使它们皮肤中的精华被回收再利用。

滑行者和爬行者 Slitherers and crawlers

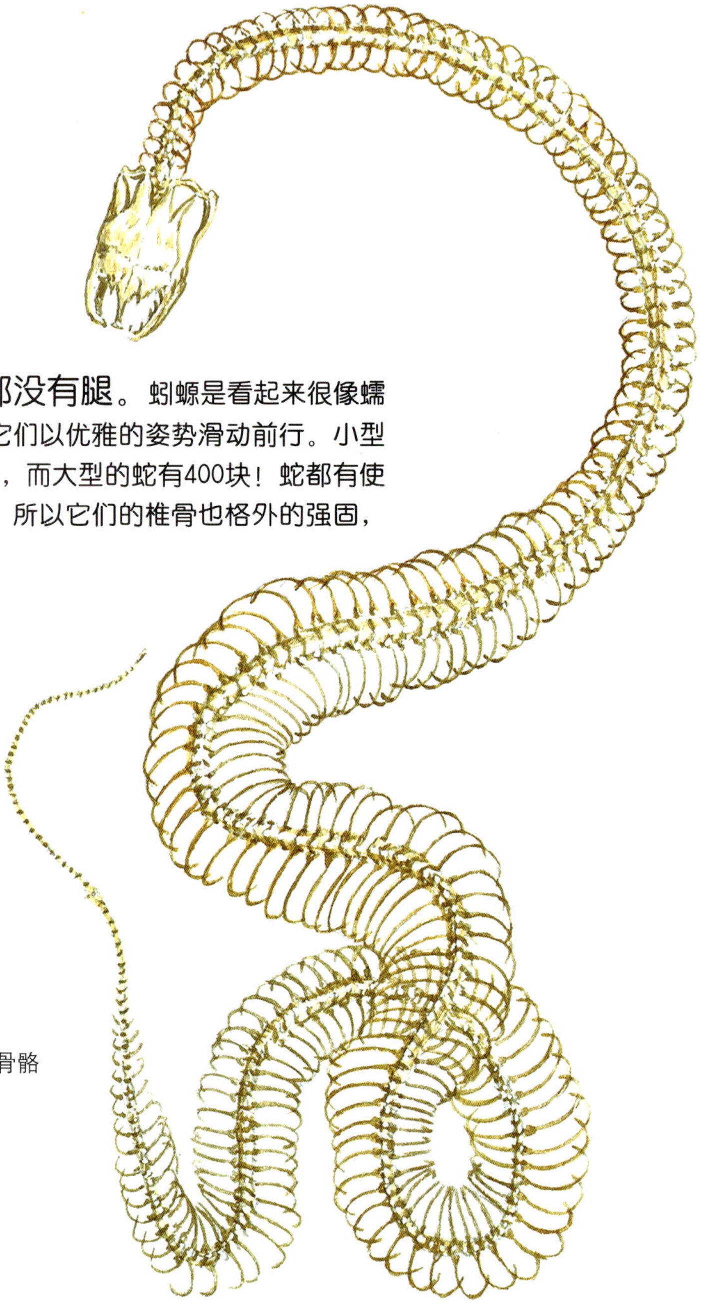

61 蛇和蚓螈都没有腿。蚓螈是看起来很像蠕虫或蛇的两栖动物，它们以优雅的姿势滑动前行。小型的蛇大约有180块椎骨，而大型的蛇有400块！蛇都有使身体移动的强壮肌肉，所以它们的椎骨也格外的强固，以承受肌肉的拉力。

▶ 巨蟒的骨骼

48

62 游蛇的身体下方长有特殊的鳞片。这有助于它在行进时紧贴地面。

▶ 有些蛇的腹部有重叠生长的鳞片，能帮助它们平稳移动，并提供更大的摩擦力。

63 有些爬行动物和两栖动物在地下滑行。在炎热的沙漠地区，蛇为了躲避太阳酷烈的高温而挖掘地洞钻入沙子。蚓蜥头部的形状非常适合在它们的家乡——热带地区的泥土里面打洞找虫子。

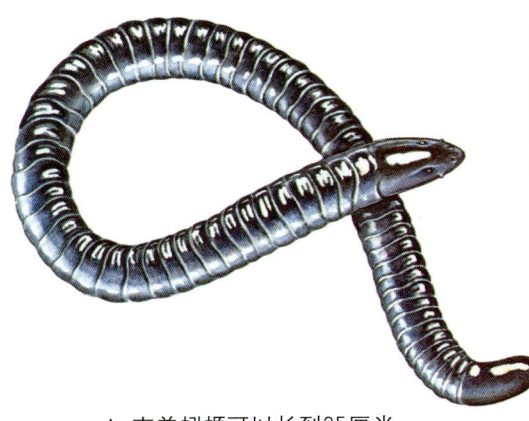

▲ 南美蚓蜥可以长到35厘米，主要吃泥土中的蚯蚓。

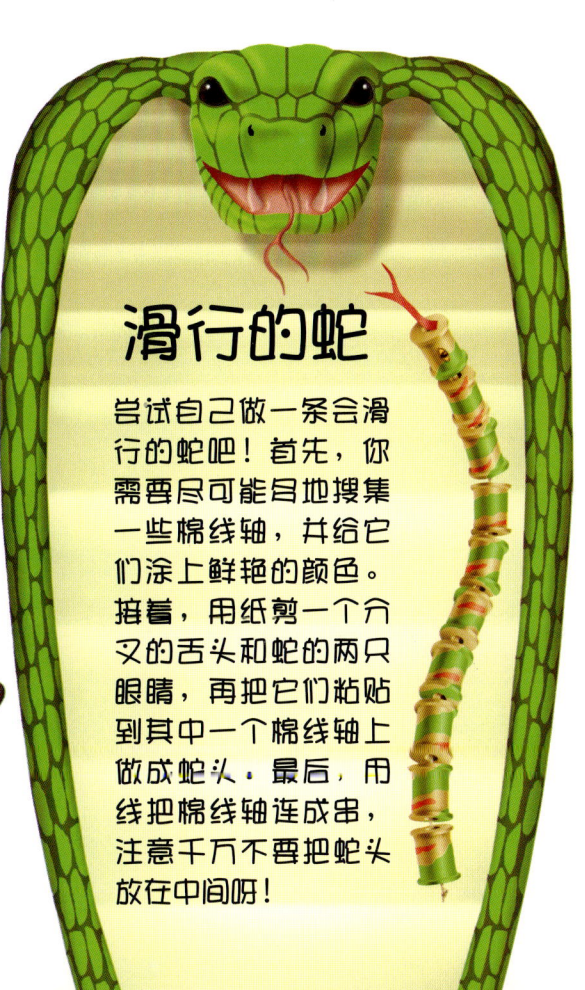

滑行的蛇

尝试自己做一条会滑行的蛇吧！首先，你需要尽可能多地搜集一些棉线轴，并给它们涂上鲜艳的颜色。接着，用纸剪一个分叉的舌头和蛇的两只眼睛，再把它们粘贴到其中一个棉线轴上做成蛇头。最后，用线把棉线轴连成串，注意千万不要把蛇头放在中间呀！

快和慢 Fast and slow

64 爬行动物和两栖动物既有行动迅速的，也有行动缓慢的。

但是行动缓慢的动物也有自己的优势。捕食者也许能够捉住一只慢悠悠的龟，但是一定啃不动它那盔甲般坚硬的外壳！

65 陆龟从不着急，是地球上行动最慢的动物之一。一只巨型陆龟的最快速度竟然只有每分钟5米！它们生活在太平洋的加拉帕戈斯小岛上，其他地方基本没有它们的踪影。

◀ 加拉帕戈斯巨龟将慢动作发挥到了极致，一个小时才移动0.3千米！

66 世界上行动最慢的动物之一是斑点楔齿蜥。休息时，它每小时只呼吸一次，而且到60岁的时候仍然在生长！这样慢悠悠的生活方式也许就是它们可以活到120岁的一个原因。斑点楔齿蜥也被称为"活化石"，因为它所在种群中的其他物种在数百年前都灭绝了，它是唯一幸存下来的物种。目前人们尚不知道为什么只有斑点楔齿蜥存活了下来。

▼ 斑点楔齿蜥生活在新西兰海岸附近的少数几座小岛上。

▶ 角响尾蛇的家在沙漠里。它在流沙上的移动速度可以达到每小时4千米。

REPTILES & AMPHIBIANS

快和慢 Fast and slow

67 变色龙也是一种动作缓慢的动物。它们在树林之间缓慢地移动，只有在捕捉昆虫的时候才引人注目。

▶ 变色龙虽然行动特别慢，但是它们的舌头在捕捉苍蝇时的速度却快得惊人！

68 分布在南、北美洲的鞭尾蜥是当之无愧的赛跑健将。六线鞭尾蜥是陆地上爬行动物最快速度的保持者。1941 年，美国南卡罗来纳州的鞭尾蜥创造了时速 29 千米的惊人纪录！

◀ 美洲的六线鞭尾蜥是陆地上速度最快的爬行动物。

▲ 行动迅速的冠水蜥靠后腿
飞奔躲避捕食者。

69 一些蜥蜴可以站立起
来飞快地小跑。亚洲的水蜥能只
用后腿直立起来奔跑，这比用四条腿
移动要快得多。

无障碍赛跑

和小朋友们一起办一场属于
你们自己的动物比赛吧。首
先，每个人用纸或薄卡片剪
成一个平面的动物形状，比
如青蛙或是乌龟。如果喜欢
的话，还可以用彩色铅笔加
上一些图案。现在，把你们
做的动物放在地上，用报纸
或杂志在它们后面扇，谁先
到终点谁就得第一！

游泳冠军 Champion swimmers

70 两栖动物最众所周知的一个特性就是不能离开水生活，不过有些爬行动物也是水生的（生活在水里）。

不同种类的两栖动物和爬行动物都各自进化出了应对水生生活的方法。

美洲鲵

粗皮渍螈

火焰蝾螈

71 蝾螈目动物的游泳方式很像鱼。它们游泳时的身体呈S形。许多都长有扁平的尾巴，以推动身体在水中行进。

冠欧螈

72 海龟平坦的壳很轻，使它们可以在水下轻松地游动。有些龟的速度可以达到每小时29千米。它们的鳍状前肢在水中"飞舞"，后肢充当小型的舵掌控着方向。

◀ 太平洋丽龟分布在世界各地的温暖水域，以小虾、水母、蟹、海螺和鱼类为食。

73 也许蛇会游泳听上去让人觉得不可思议，但其实大多数蛇都是游泳高手。海蛇可以持续潜水5小时并在深海里快速地上下穿梭。欧洲草蛇也是游泳健将，这样才能捕捉到生活在水边的动物。

难以置信！

游浮的海蛇发现，鱼类为了避免被吞食总是围绕它们的尾部游动。于是当海蛇想进餐时，它就倒过来游，以欺骗那些倒霉的、错把蛇的头部当成尾部的鱼。

黄腹海蛇

身上有条纹的海蛇

浆状的尾巴末端

条纹可以起到伪装的作用，有助于打破蛇的身体轮廓。

74 蛙形目动物用后腿蹬水推动身体向前。跃入水中时，它们用前腿充当刹车。大大的蹼足就像鳍一样帮助它们在水中前行。

青蛙把腿收起。　　脚向两边推水。　　脚趾伸开，用力向后蹬水，推动身体在水中前进。　　脚趾并拢，把腿收回，准备下一个蹬水动作。

天然的坦克 Nature's tanks

75 龟鳖目动物就如同全副武装的坦克，虽然行动缓慢却被壳完好地保护着。陆龟生活在陆地上，主要以植物为食。有些龟是肉食性的，生活在咸咸的海水里。另外一些龟中有的被称做淡水龟，它们生活在淡水湖和江河中。

76 当危险来临时，陆龟迅速缩进自己的移动居所里。它们只是把头、尾和四肢缩进壳里。

天然的坦克 Nature's tanks

77 龟鳖目动物是爬行动物的元老。它们是现存最古老的爬行动物，据推测可能和最早的恐龙生活在同一时代，也就是大约2亿年前。它们的寿命几乎比其他所有动物都长，有的甚至能活150年！

► 枯叶龟只分布在南美洲，是所有龟中最奇特的一种。它们三角形的头几乎是扁平的。这种龟趴在河底，捕食过往的鱼类。

► 印度纹背鳖又被称做"小头鳖"，这是因为它们的头又长又窄。这种龟以鱼类为食，在水中的游速非常快。

◄ 玳瑁生活在全世界的温暖海域中。美丽的外壳使它们遭到了大量捕杀而濒临灭绝。如今，许多国家都在努力保护它们。

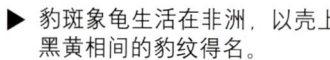

► 豹斑象龟生活在非洲，以壳上黑黄相间的豹纹得名。

难以置信！

一只巨龟能够承受一吨的重量。也就是说，它可以充当千斤顶抬起一辆汽车。不过最快、最简单的方法还是直接去汽车维修站吧！

78 有些海龟是大自然中最伟大的旅行家之一。绿海龟从巴西海岸的觅食栖地前往南大西洋上的阿森松岛等繁殖地，要迁徙2000多千米。

大西洋

非洲

巴西

阿森松岛

南美洲

绿海龟

危险的家伙 Dangerous enemies

79 鳄鱼、某些蛇类和鹰嘴龟等动物非常危险。 蛇以勒死猎物或使它们中毒而闻名，然后再把它们吞进肚中。很多爬行动物都有使自己变得异常危险的方法。

▼ 这只食鼠蛇已经抓住了它的猎物——一只小草地田鼠，它用自己的身体紧紧缠住田鼠，阻止其呼吸。

"诱饵"喉垂

▼ 这种大鳄龟栖息在美国的深河和湖泊中。捕猎食物时，它张开大嘴让鱼儿误把喉部的"诱饵"当成小虫子。当鱼儿过来探寻时，它便一口咬上去！

危险的家伙 Dangerous enemies

80 一些两栖动物用身体上明亮的花纹
警告捕食者。它们的皮肤有难闻的味道或者会造成
疼痛。南美洲雨林中的箭毒蛙色彩鲜艳，而火蝾螈长着
亮丽的黄色斑点或条纹。

▼ 生活在北美洲沙漠地带的希拉毒蜥是
世界上仅有的两种毒蜥蜴之一。
它的脂肪储存在尾部，以
备在没有食物的时候
维持生命。

▶ 产自北美洲的虎蝾是
世界上最大的
陆生蝾螈，
能长到40
厘米长。

▼ 这是一只生活在中南美洲的箭毒
蛙。它的毒性非常强，当地的居民
把它的毒液提取出来涂抹在箭尖上
使用。

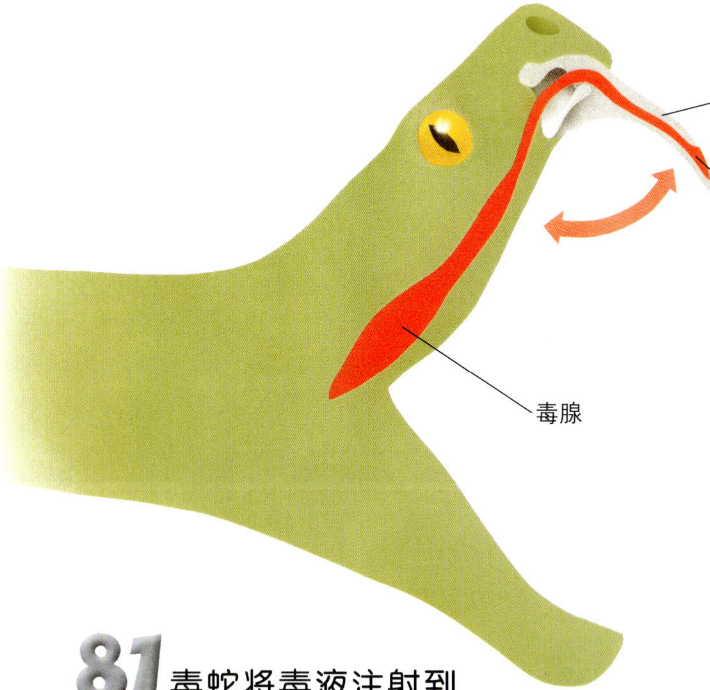

可折叠的毒牙

注射毒液的管道

毒腺

81 毒蛇将毒液注射到猎物体内。它们的毒牙呈槽状或者是中空的，用来向猎物注射毒液。响尾蛇是毒蛇的一种，它的尾巴末端有一串角质环，可以摇晃并发出声音来吓退捕食者。像大蟒蛇这样有缠绕性的蛇类可以卷住猎物直至将它们勒死。

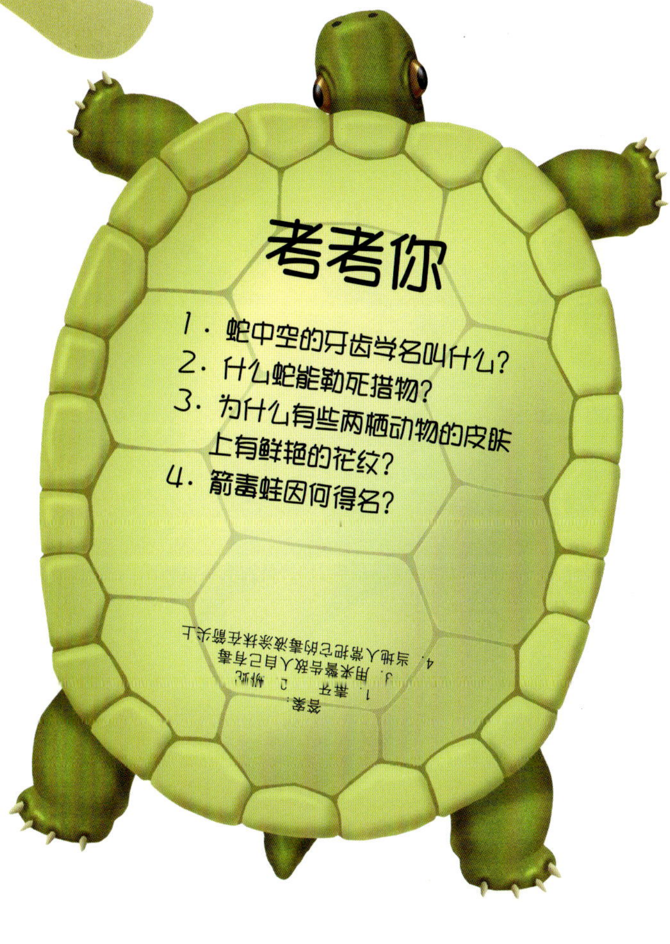

考考你

1. 蛇中空的牙齿学名叫什么？
2. 什么蛇能勒死猎物？
3. 为什么有些两栖动物的皮肤上有鲜艳的花纹？
4. 箭毒蛙因何得名？

答案：
1. 毒牙　2. 蟒蛇
3. 用来警告敌人自己有毒
4. 当地人将它们的毒液涂抹在箭头上

REPTILES &
AMPHIBIANS

巧妙的伪装 Clever mimics

82 **从鳄鱼、陆龟到蜥蜴、蛙类，爬行动物和两栖动物都是伪装高手。**有的能与周围环境自然地融为一体，而有的则可以改变自己的外部特征——这一招对避开敌人或者偷偷接近猎物十分有效。

绿树蛙

海芋蛙

马来西亚角蛙

绿树蛙

纳塔尔沼蟾

非洲爪蛙

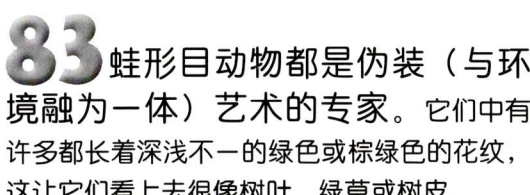

83 蛙形目动物都是伪装（与环境融为一体）艺术的专家。它们中有许多都长着深浅不一的绿色或棕绿色的花纹，这让它们看上去很像树叶、绿草或树皮。

84 许多蜥蜴也有绿色或棕色的伪装色。变色龙还能改变体色。如果它在树枝上爬行时遇到了敌人，就会静静地待在那里，趴下来，让自己看起来像树叶或树皮。

巧妙的伪装 Clever mimics

85 火腹蟾蜍的肚子有着火红的颜色。这样的肚子用来分散敌人的注意力。受到威胁时，它会跳离危险逃向安全的地方，一闪而过的鲜亮红色能迷惑攻击者，为火腹蟾蜍争取更多的时间逃跑。

86 大鳄龟趴在海床上的时候看上去就像一块粗糙的石头。这种狡猾的海龟还有一个独门妙招。它的舌尖看上去就像一条多汁的虫子，摇晃着吸引过往的猎物，诱惑它们落入自己的口中。

▼ 这只欧洲草蛇其实是在装死。它腹部朝上，左右扭动假装奄奄一息，然后一动不动，嘴巴张得大大的并且把舌头也吐了出来。

87 有些蛇甚至会装死。它们伸着舌头盘起身体躺在地上，这样猎食者就会去寻找其他的猎物。

动物伪装

选一种自己喜欢的爬行动物或两栖动物，用卡片或纸板做成这种形象的面具。在上面拴一根绳子或者是橡皮筋，以便把它们戴在头上。最后挖两只眼睛并给整个面具涂上颜色。或者也可以试着制作手指木偶，让自己的双手戴满"爬行动物"。

逃跑的艺术 Escape artists

88 爬行动物和两栖动物有很多天敌。它们练就了逃避食肉动物和生存下来的巧妙本领——至少能让它们活到成年，繁育后代。

89 有些蝾螈和蜥蜴有断尾的本领。如果有食肉动物抓住了石龙子的尾巴，那它能得到的也只是一节抽动的蓝色尾巴而已。新的尾巴日后将从断裂处重新长出来。

难以置信！

有一种蜥蜴被人们称作"耶稣基督蜥蜴"，这是因为它可以用后腿在水面上飞奔。而《圣经》上说耶稣基督有在水上行走的能力。

逃跑的艺术 Escape artists

90 叮壁蜥可以挤进狭窄的角落。它可以把自己塞进岩石缝中，然后膨胀身体，阻止敌人把它拽出来。

◀ 你能分辨出这只松果蜥的头部和尾部吗？

91 澳大利亚松果蜥有一条和头部很像的尾巴。这能迷惑捕食动物，使它们分不清头和尾，松果蜥也就能趁机逃之天天。

92 一只小蓝舌蜥用颜色作为延时策略。这只小蜥蜴向敌人轻巧地伸缩自己鲜艳的蓝舌头和嘴的内层，受惊的敌人只能让猎物从眼前溜掉。

93 鳄鱼用尾巴支撑行走。如果受到威胁，它们就会迅速移动，看上去就像要跃出水面一样，这种行为称做"用尾巴行走"。

近 亲 Close relatives

94
短吻鳄与其他鳄鱼不完全相同，蛙和蟾蜍也有差别。 这两对动物非常相似，但是它们也有不同之处。仔细观察，你就会发现它们之间的细微差别。

▶ 尼罗鳄生活在非洲，主要捕食到河边饮水的大型哺乳动物和鸟类。

露出来的牙

突出的尖嘴

95
短吻鳄的体型普遍小于鳄鱼家族的其他成员。它们的口鼻部圆圆的，只分布在中国和美国。其他的鳄鱼体型要大一些，有突出的长嘴，当它们闭上嘴时，还有两颗大牙露在外边。

▼ 这只美国短吻鳄生活在美国的东南部，能长到5.5米。

短而圆的嘴

难以置信！

小短吻鳄的性别取决于卵孵化时的温度。如果卵在温暖的环境中发育就孵出雄鳄，在寒冷的环境中则孵化出雌鳄。其他鳄鱼的卵与此相反。

▼ 凯门鳄是鳄鱼的一种，与短吻鳄的血缘更近。眼镜凯门鳄的两只眼睛之间有脊状突起，看上去就像眼镜上的鼻梁架。

近　亲 Close relatives

96 鳄目动物还有一些非常特殊甚至令人惊讶的近亲。它们是现存与恐龙血缘最近的物种！其实恐龙就是生活在数百万年前的爬行动物。没有人知道为什么所有的恐龙在大约 6500 万年前都灭绝了。而因为某些原因，一些生活在同时代的鳄鱼和龟等其他动物却存活了下来。

▼ 原鳄是鳄鱼的祖先之一，生活在大约 2.25 亿年前的三叠纪时期。它的头盖骨很短，说明它还没有进化得完全适合捕鱼，小蜥蜴可能是它们主要的食物。

短小的头盖骨。

原鳄的四肢随着进化变短了。

97 蛙大多生活在潮湿的地方。它们的身体适应了这种环境，大都长有蹼足、长长的后腿和光滑的皮肤。

树蛙

98 大部分蟾蜍生活在干燥的陆地上。它们没有蛙那样的脚蹼，皮肤干燥并且有疙瘩。蟾蜍通常比蛙短且胖，腿也比蛙短。

大蟾蜍

可怕的巨兽 Scary monsters

99 早期的探险家们曾经讲述过关于龙的奇幻故事，它们生活在人迹罕至的远方。 可能是这些探险家们遇见了会飞的蜥蜴或科莫多巨蜥这样的巨型蜥蜴。这也许就是关于龙的传说的开端。

科莫多巨蜥

古尔德巨蜥

飞蜥

尼罗巨蜥

考考你

1. 短吻鳄和其他鳄鱼哪一个更大?

2. 当短吻鳄闭合嘴巴时,是否有两颗大牙露在外边?

3. 哪种蜥蜴是当今世界最大的巨蜥?

答案:
1. 短吻鳄也许要更重。
2. 没有,露出来的大牙的是其他鳄鱼。
3. 科莫多巨蜥。

100 巨蜥是脖子很长的爬行动物,生活在澳大利亚、亚洲和非洲。罕见的科莫多巨蜥生活在东南亚的印度尼西亚群岛。它是世界上现存最大、最凶猛的蜥蜴,可以长到4米长,重达140千克,捕食小型的鹿和野猪。

图书在版编目（CIP）数据

你一定要知道的100个两栖和爬行动物奥秘 /（英）凯伊（Kay, A.）编著；
姜昊译. —北京：中央编译出版社，2009.6
（你一定要知道的100个奥秘）
ISBN 978-7-80211-965-9

Ⅰ. 你… Ⅱ.①凯…②姜… Ⅲ.①爬行纲—少年读物
②两栖纲—少年读物 Ⅳ.Q959-49

中国版本图书馆CIP数据核字（2009）第083229号

100 THINGS YOU SHOULD KNOW ABOUT: REPTILES & AMPHIBIANS

Text by Ann Kay
Copyright © Miles Kelly Publishing 2005
First published in 2005 by Miles Kelly Publishing Ltd,
Bardfield Centre, Great Bardfield, Essex, CM7 4SL
All rights reserved.

你一定要知道的100个两栖和爬行动物奥秘

编著	安·凯伊
顾问	史蒂夫·帕克
翻译	姜 昊
责任编辑	吴颖丽
项目编辑	杨 娜 张 盈
项目策划	禹田文化

出版人	和 龑
出版	中央编译出版社
地址	北京西单西斜街36号
邮编	100032
编辑部	(010)66509360 66509365
发行电话	(本市)(010)66509364 66509618
	(外埠)(010)88356825 88356856
网址	http://www.cctpbook.com
印刷	廊坊市兰新雅彩印有限公司
经销	各地新华书店
版次	2009年6月第1版 第1次印刷
开本	787×1092 1/16
印张	5
字数	30千字
定价	13.80元